U0166273

AMAZING NATURE

了 / 不 / 起 / 的 / 大 / 自 / 然

拯救世界的植物

[英] 安娜贝尔·萨弗里 / 文　瞿　澜 / 图　程红焱 / 译

台海出版社

北京市版权局著作合同登记号：图字 01-2022-1831

图书在版编目（CIP）数据

了不起的大自然. 拯救世界的植物 / (英) 安娜贝尔 · 萨弗里文；瞿澜图；程红焱译. — 北京：台海出版社，2022.12
ISBN 978-7-5168-3397-1

Ⅰ. ①了… Ⅱ. ①安… ②瞿… ③程… Ⅲ. ①自然科学 - 儿童读物②植物 - 儿童读物 Ⅳ. ①N49②Q94-49

中国版本图书馆CIP数据核字(2022)第173812号

审图号：GS(2022)2419号
书中地图系原文插附地图

了不起的大自然　拯救世界的植物

著　　者：[英] 安娜贝尔 · 萨弗里 / 文　瞿　澜 / 图　程红焱 / 译

出 版 人：蔡　旭　　选题策划：大眼鸟文化
责任编辑：王　萍

出版发行：台海出版社
地　　址：北京市东城区景山东街20号　　邮政编码：100009
电　　话：010-64041652（发行、邮购）
传　　真：010-84045799（总编室）
网　　址：www.taimeng.org.cn/thcbs/default.htm
E - mail：thcbs@126.com

经　　销：全国各地新华书店
印　　刷：北京天工印刷有限公司
本书如有破损、缺页、装订错误，请与本社联系调换

开　　本：787毫米×1092毫米　1/8
字　　数：35千字　　印　　张：7
版　　次：2022年12月第1版　　印　　次：2022年12月第1次印刷
书　　号：ISBN 978-7-5168-3397-1

定　　价：98.00元（全2册）

目 CONTENTS 录

植物为何如此重要？......2
什么是植物？......4
食物网......6
巨树......8
快乐家园......10
携手合作......12
污染监测器......14
我们需要杂草......16
神奇的苔藓......18
必需的传粉者......20
完美的合作伙伴......22
种子的生存......24
超级海草......26
获取粮食......28
植物医生......30
药用植物......32
植物制品......34
植物穿戴......36
人类与植物......38
威胁和保护......40
保护植物，从我做起......42
术语表......44
索引......46

植物为何如此重要？

有一种神奇的植物，它不但能制成绳子，还可以治疗肚子疼，甚至清洁伤口。它含有维生素C和钙，是很多益虫的家园，能够帮农民保护粮食作物。它遍布全世界。它就是不起眼的荨麻。其实，有着如此令人惊奇的能力的植物，可不止荨麻。

植物是地球上几乎所有生命的基础，离开植物我们将无法生存。植物不仅为人类提供食物和药物，提供日用品的制作原料，还帮助清洁我们呼吸的空气，为动物提供栖息地，防御洪水等自然灾害。

人类利用植物的历史可以追溯到远古时期。那时，植物为人类提供燃料、食物，遮风挡雨。如今，植物仍然被用于从服饰到建筑的许多领域中。近些年，我们还利用植物来减少塑料的使用。

全球变暖引起的气候变化，导致自然灾害频发，使生态系统濒临崩溃。工业和垃圾污染也引发了更多的环境问题。世界正面临生态危机。尽管植物同样受到这些因素的威胁，但是它们也可能是拯救世界的英雄。现在，让我们来探索植物是如何拯救世界的吧！

植物真的能拯救世界吗？

什么是植物？

屋顶上的青苔、公园里的雏菊、沙漠中的仙人掌、高大的红杉树……从纤细的杂草到高高的大树，它们都是植物！

植物王国有几十万个已知物种，更多的物种还在不断地被发现。绝大多数植物拥有根、茎、叶，它们的共同特征是可以进行光合作用。

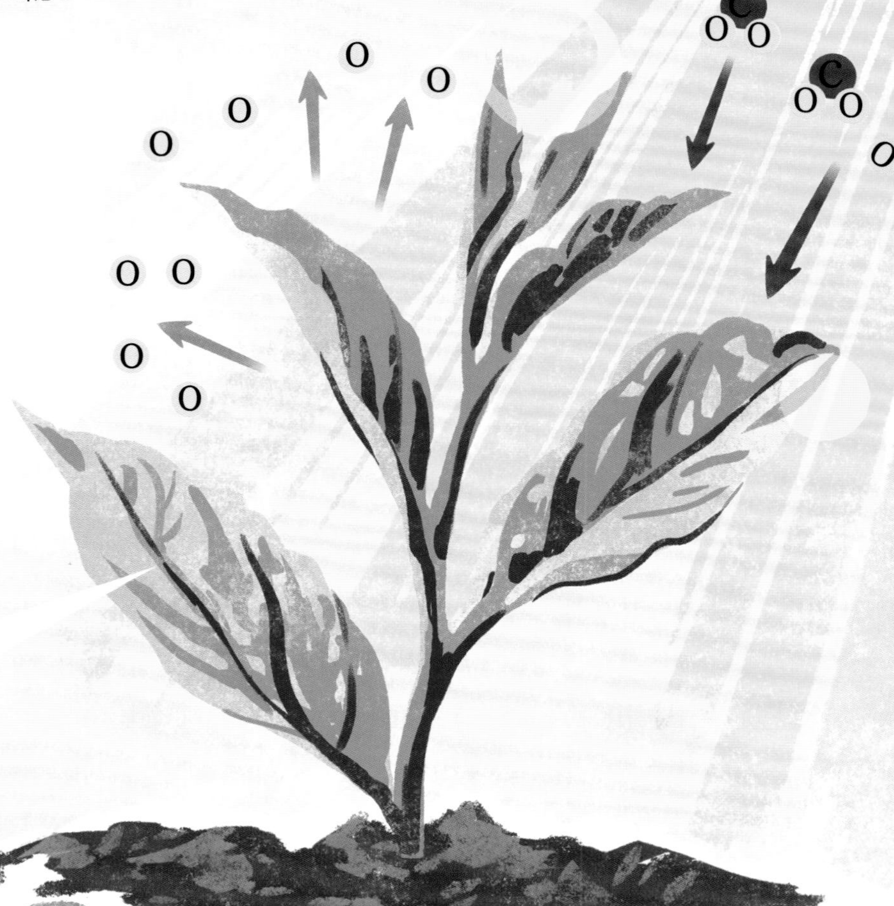

光合作用是一个神奇的过程，绿色植物以此生产自己的食物。绿色植物体内含有一种绿色的色素，叫作叶绿素，绿色植物利用光能和叶绿素，能将水和二氧化碳转化成糖类等有机物质和氧气。糖类等有机物质满足植物的生长需要，而氧气对于植物来讲是“无用”的副产品，会被释放回大气中。

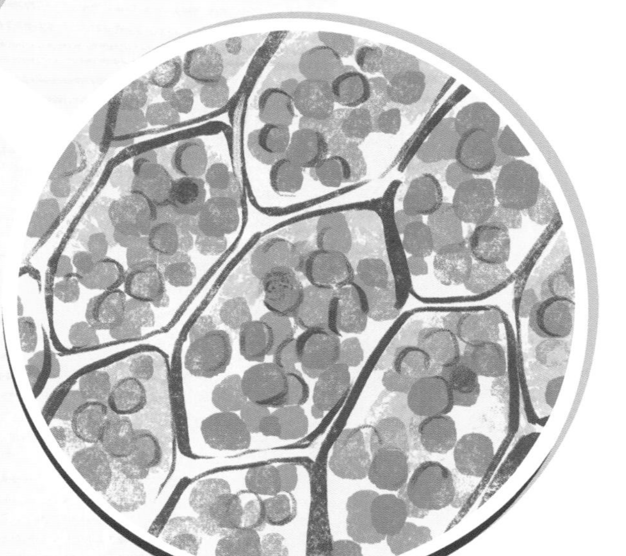

白天，植物吸收二氧化碳并释放氧气。但其实，植物也会吸入氧气，呼出二氧化碳，就像人类的呼吸一样。

燃烧化石燃料会产生二氧化碳。过多的二氧化碳不利于地球的健康，因为二氧化碳会吸收太阳的热量，把热量储存在大气层中，导致全球变暖。

植物不仅供给了我们呼吸所需的氧气，还吸收了危害环境的过量的二氧化碳，真是大英雄呢！

食物网

食物网体现了生物之间是如何相互依存的。所有生物的生存和生长都需要营养。食物网可以把营养物质从植物传递给动物，最后返回大地。

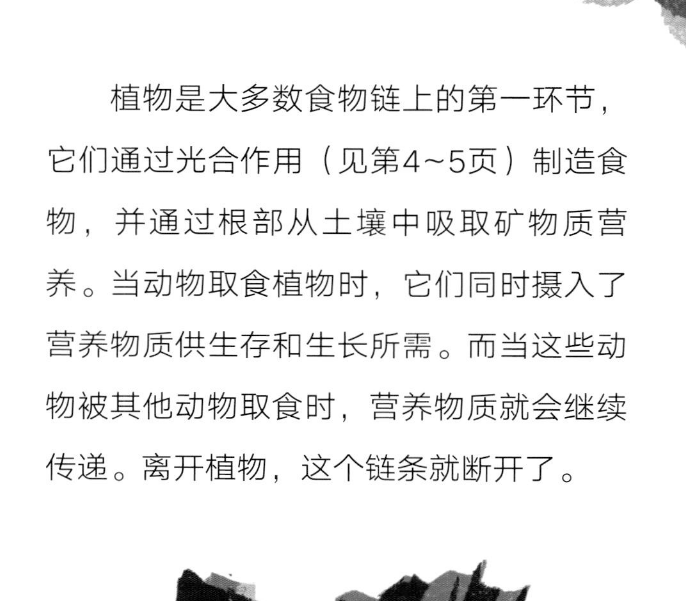

植物是大多数食物链上的第一环节，它们通过光合作用（见第4~5页）制造食物，并通过根部从土壤中吸取矿物质营养。当动物取食植物时，它们同时摄入了营养物质供生存和生长所需。而当这些动物被其他动物取食时，营养物质就会继续传递。离开植物，这个链条就断开了。

食物网遍布于地球所有的生态系统中。食物网还可以分解为更小的食物链。

植物和动物死亡之后，它们身体里的营养物质又回归了土壤，供新的植物生长，由此完成营养物质的循环。植物的落叶和掉落的果实在土壤中腐烂，也为营养物质的循环做出了贡献。

巨树

树木是植物界的巨人。有的树木可以高达百米以上，有的树木可以存活数千年。

树木茂密的枝条为动物和人类提供了庇护所和阴凉。别看树叶薄得像纸一样，能耐却大得很。树叶可以吸收空气中的有害气体，尤其是在汽车尾气和工业污染严重的城市，这项功能的作用更大。在城市中，树冠还可以帮助控制炎热月份的高温。

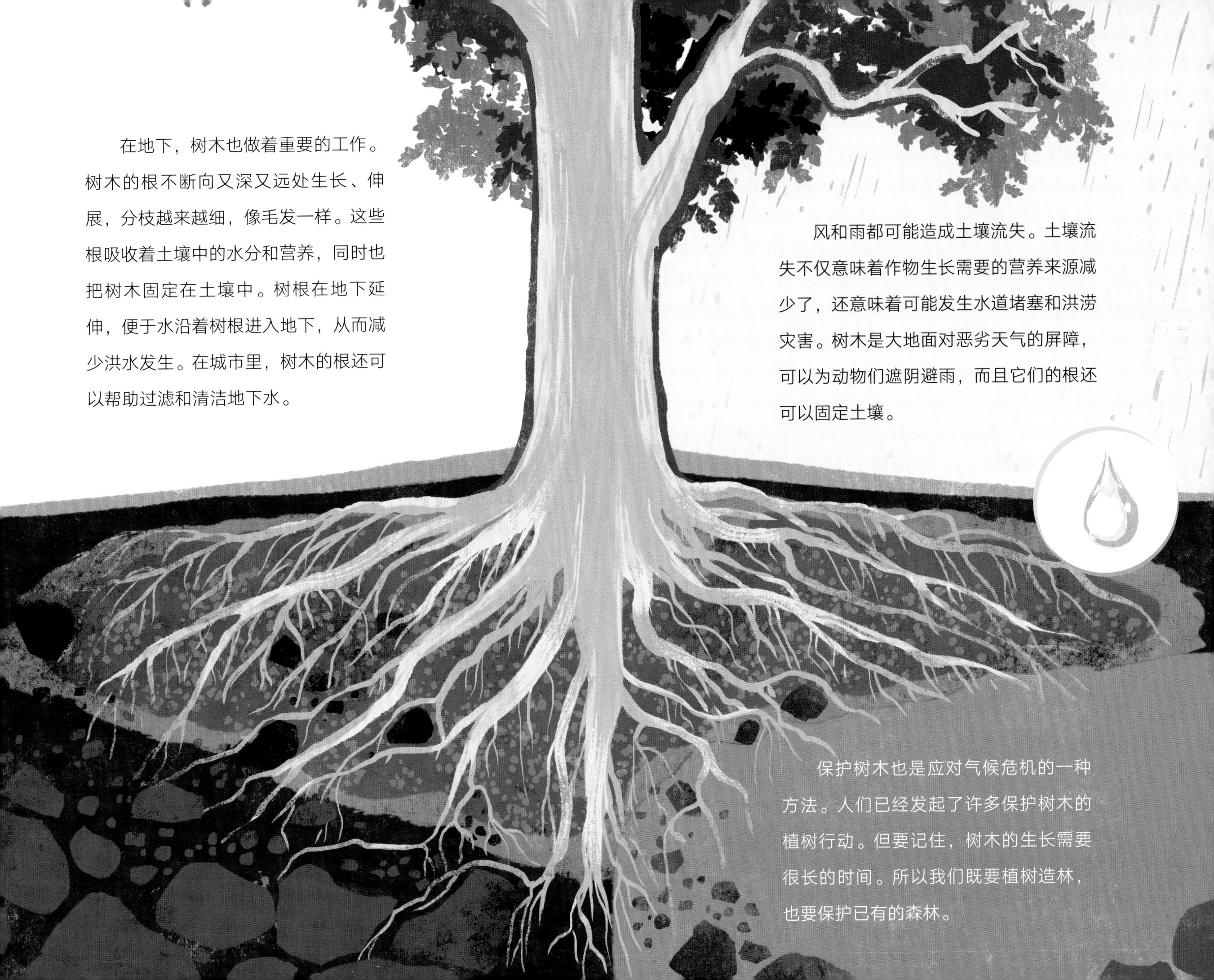

在地下，树木也做着重要的工作。树木的根不断向又深又远处生长、伸展，分枝越来越细，像毛发一样。这些根吸收着土壤中的水分和营养，同时也把树木固定在土壤中。树根在地下延伸，便于水沿着树根进入地下，从而减少洪水发生。在城市里，树木的根还可以帮助过滤和清洁地下水。

风和雨都可能造成土壤流失。土壤流失不仅意味着作物生长需要的营养来源减少了，还意味着可能发生水道堵塞和洪涝灾害。树木是大地面对恶劣天气的屏障，可以为动物们遮阴避雨，而且它们的根还可以固定土壤。

保护树木也是应对气候危机的一种方法。人们已经发起了许多保护树木的植树行动。但要记住，树木的生长需要很长的时间。所以我们既要植树造林，也要保护已有的森林。

快乐家园

猫头鹰在树上栖息，鸟儿们在树上筑巢，鼠类蜷缩在干草堆里。很久以前，植物就开始这样为动物提供家园了。生态系统离不开动物，动物离不开植物。

植物为动物提供栖息之所，同时也会给自己带来巨大的好处。筑巢的鸟儿可以帮助树木控制侵害它们的昆虫数量。

蜜蜂和胡蜂是重要的传粉昆虫。独居蜂在木头上的小洞、土壤、空的植物茎里筑巢。纸黄蜂能把木头嚼成浆，类似做手工的混凝纸，用以建造它们的蜂巢。胡蜂在农作物附近筑巢，捕食毁坏庄稼的害虫。

苏门答腊猩猩的一生几乎都在树上度过。它们在树的枝干间活动，用树叶造窝睡觉。它们食用许多种植物，排出的粪便又为这些植物传播了种子，扩建了森林。但悲哀的是，苏门答腊猩猩的森林栖息地一再遭到破坏，使它们濒临灭绝。

河狸啃倒大树和灌木，用来建造巢穴。它们的巢穴像水坝一样阻断水路。最大的巢穴超过500米宽。河狸的“水坝”不仅帮助水生植物和动物建设了湿地家园，还因蓄水和改变水路控制了洪灾。不仅如此，河狸建造的“水坝”还拦截了水中的沉渣，使水质清澈。

携手合作

植物面临着许多危险，你可能会认为它们是无助的。但事实上，许多植物都在聪明地用警报信号保护着自己。

当一株植物被食叶蚜虫攻击时，它的叶片会向空气中释放一种化学物质。附近植物的叶片接收到这种化学物质，就会开始生成一种特定的化学物质驱逐食叶蚜虫，同时吸引食叶蚜虫的捕食者，比如胡蜂。

在地下，细线般的真菌在土壤中生长，分布在植物根部的周围。真菌不仅和植物互相交换着营养和水分，还负责在不同的植株间传递化学信号。真菌通过植物的根部，将大量植物连接在一起，形成一个巨大的网络。这让植物可以在如森林般广袤的区域内进行交流。

植物也用发出信号的方式互相示警旱期的到来。当一株植物感知到旱期来临时，它就会发出信号，其他植物随即就会关闭叶片上的气孔（非常细微的孔），减少水分蒸发。

植物也会识别自己的后代。陌生的植物会被看作竞争者。与之相比，植物会给予“自家人”更多的生长空间，甚至会传输营养给“自家人”。

地球生态在不断演变。具备防御机制并相互合作的植物们，是保护生态系统和给世界提供食物的关键所在。

污染监测器

嗡嗡嗡，一只饥肠辘辘的苍蝇在寻找午饭。它驻足于一个鲜红的散发出水果味的植物上，正准备痛快地大吃一顿，只听噼啪一声，植物合起叶子把苍蝇关住了，这就是捕蝇草。

捕蝇草是食虫植物。这种植物和其他植物一样有根和叶，但因为生长在贫瘠的岩地，它们找到了另一种吸收营养的方式——食虫。

食虫植物进化出能够在贫瘠环境生存的本领，从土壤中无法获得营养的问题，靠吃虫子解决了。通过研究食虫植物，科学家可以了解植物是如何随着时间的推移演变并适应环境的。

在北欧，食虫植物茅膏菜生长在松软潮湿的土地上，这种浸透雨水的土壤中营养匮乏。茅膏菜会产生一种黏糊糊但很像露珠的糖浆。有的昆虫看见了，便落在上面，然后就会被牢牢地粘住，成为茅膏菜的美味大餐。

然而，有些茅膏菜已经开始生长出不太黏的叶子，这样它们捕获的昆虫就会减少。这是空气污染的一个信号。

人类燃烧化石燃料，会释放出富含氮的污染物。它们混杂在空气中，随降雨返回地面。茅膏菜吸收了这些物质，就不用吃太多的昆虫了。距离污染源的远近不同，茅膏菜的表现也会不同，这可以帮助科学家们弄清楚人类是如何影响地球环境的。

我们需要杂草

在1986年4月，乌克兰切尔诺贝利核电站的一个核反应堆爆炸，放射性物质向周边区域扩散。因为存在核辐射，没人能生活在这个区域。但是，我们能看到一些植物生长在楼宇间、酒店里、学校周围和地砖的缝隙中，花儿也在窗沿上盛开。了解植物重建一个区域的能力，对我们恢复自然家园至关重要。

杂草已经进化成可以在不毛之地生长，在那里它们无须与高大植物竞争。杂草会结出很多种子，给自身创造出大量繁衍的机会。许多杂草的种子借助风力，就能轻而易举地传播到远方。

杂草是一种先锋植物。一个植物群落的演替中最先出现的植物就是先锋植物。它们是在灾难或收割之后，重建当地植物群落的基础。它们保护新裸露的土壤使之不流失，并使土壤保持水分和营养。一旦杂草生长起来，动物就有了食物和庇护地。动物们又会带来更多的种子，比杂草高大的植物也会来此地落户生长。

在寒冷的季节，许多植物凋零了，杂草却仍在为肩负传粉重任的动物——传粉者提供栖息地。气候变化正在影响全球的温度，传粉者比以往年份更早出现。面对日趋变化的环境，杂草对这些生物至关重要。

神奇的苔藓

有些植物很常见，毫不引人注目，于是人们想当然地认为它们没什么特别的。但是，对苔藓这种植物，你要是也这样认为就大错特错了！

苔藓没有真正意义上的根，只有细如毛发的假根。这些假根紧紧贴附在苔藓生长的地方，仅起固着作用，没有吸收水分的功能。

苔藓也是先锋植物，可以生长在不毛之地，甚至岩石和屋顶上。苔藓会向空中散布孢子，这些孢子如同细小的“种子”，可以为苔藓繁衍后代。苔藓遍布全世界，在极端寒冷和酷热的地方也能生存。事实上，能够生长在南极洲的为数不多的植物里，就有苔藓。

在寒冷地区，苔藓能防止冻土消融；在炎热地区，苔藓能使树木的根部保持湿润。还有一类苔藓可以适应阴暗的洞穴环境，因为它们可以捕捉微弱的光线。

人们还发现了苔藓的实用价值。苔藓不仅可以用来过滤和净化矿区污染的水，还可以替代刺激性很强的化学物质净化游泳池的水，有益于人和环境。

必需的传粉者

成熟鲜红的草莓、多汁的黄桃、长长的红花菜豆……没有传粉者的贡献，许多这样的美味就会消失。

植物与传粉者之间的关系，是为人熟知的自然合作关系之一。一提到传粉者，你可能马上就会想到蜜蜂，但其实蝙蝠、鸟类、蝴蝶、蛾子和甲虫都是传粉者。植物为传粉者提供食物和住处，传粉者为植物传粉作为回报。

植物开出艳丽的花朵，散发出芬芳的气味，来吸引传粉者。花朵为光顾的传粉者提供甜蜜的糖浆（花蜜），同时有黏性的粉状物（花粉）会附着在传粉者身上。当传粉者光顾其他花朵时，花粉会掉落。植物靠花粉的传递生长出种子，得以传宗接代。

结籽是植物生存下来的方式之一。人类把植物提供的种子、果实和蔬菜当作食物，获得自身生长所需的蛋白质、维生素、糖和矿物质等。我们可以种植果树，但我们要依靠传粉者才能收获最好的果实。

植物的种子，有些长在壳里，比如坚果；有些长在豆荚里，比如豌豆；还有些植物的种子藏在果实里面。

传粉者也面临人类活动的威胁。为了养活庞大的人口，农场越来越大，传粉者生活的未开垦的野地逐渐消失。许多农场使用化学除草剂来清除杂草，这也会伤害以它们为食的传粉者。

完美的合作伙伴

短叶丝兰和丝兰蛾是绝佳的传粉合作伙伴。即使没有花蜜的吸引，丝兰蛾也会到短叶丝兰的花朵里产卵，同时也为它们传递花粉。这样一来，短叶丝兰就能够结籽，它们的种子还成为丝兰蛾幼虫的食物。

丝兰蛾是短叶丝兰唯一的传粉者，这种合作关系对短叶丝兰的生存至关重要。短叶丝兰在荒漠生态系统中作用很大。如果没有短叶丝兰为啮齿类动物和鸟类提供食物和庇护场所，这些动物将很难在荒漠中生存。

猴面包树生长在马达加斯加、非洲大陆和澳大利亚。这些被誉为“生命之树”的树供养着那里的动物和人类。它们巨大的树干储存着水分供干旱时期使用——在旱季，大象会啃咬咀嚼猴面包树的树皮以获取水分。

猴面包树在夜里开花，蝙蝠会来取食花朵，同时也为它们传递花粉作为回报。猴面包树的树叶和果实富含营养，可供动物和人类食用。猴面包树还为人们提供阴凉。比较老的树干上的树洞也很有用，是动物们的贮藏室和躲藏之处。有些动物会在它们的树洞和枝干上筑窝。

植物和动物之间的合作在自然界中普遍存在。这种相互合作的模式是动植物们长期演化的结果，帮助它们在困境中生存下去。

种子的生存

植物要想长存，就必须产生下一代，于是植物进化出了神奇的方式以保障种子安全长大。

在智利的阿塔卡马沙漠里，每隔几年，干旱的褐色土地上就会花团锦簇。这个区域几乎没有降雨，甚至有的地方从来没有过降雨的记载。然而，当降雨真的来临后，到处都会竞相绽放鲜花。

鲜花是从哪里来的？当然是它们的种子早已准备好了，就等着降雨呢。雨水冲刷掉种子外面的保护层，种子就发芽了。沙漠恶劣的自然条件使得植物必须适应环境，快速地生长和产生新的种子。

许多植物把种子藏在果实里，这些种子被“设计”得足够坚硬，以便能穿过动物的消化系统。当种子随动物的粪便从消化道的另一端排出，它们就从母株被传播到了别的地方，并为生长做好准备。有些种子能够耐受山火和极寒。

科学家们关注到有些植物物种正在消失，于是开始收集它们的种子并保存在种子库中。因为种子有一种惊人的能力——只要回归到合适的环境就能萌发。将来，我们可以利用种子库中的种子把灭绝的植物重新带回到大自然中，或者恢复和重建变得荒芜的土地。

超级海草

成片的海草生长在世界各地的浅海海域。历经大约一亿年的进化，海草始终供养着海洋生物。海草为生活在海洋中的海龟、鱼类、蟹类、海鸟、海洋哺乳动物提供栖息地，支撑着对鱼类种群至关重要的水下生态系统。

在与气候变化的抗争中，海草是真正的英雄。大片的海草可以连成一片广阔的草场。海草以和森林中的树木同样的方式吸收二氧化碳，把碳元素储存在自己的组织结构里，并向水中释放氧气。海草的根在海床的沉积物里扎下并延展，这可以减缓水的流速，防止海岸线被侵蚀。

尽管海草草场如此重要，但还是被城市污水和汽车污染等破坏。海草会被螺旋桨和船锚毁坏，海岸线的开发和挖沙也会破坏海草。陆地上含有化肥的水流入海里，会引起海藻泛滥，遮蔽阳光，危害水生动植物。

人类已经着手用新办法恢复海草草场，例如从健康的海草草场收集种子，重新种植海草。

获取粮食

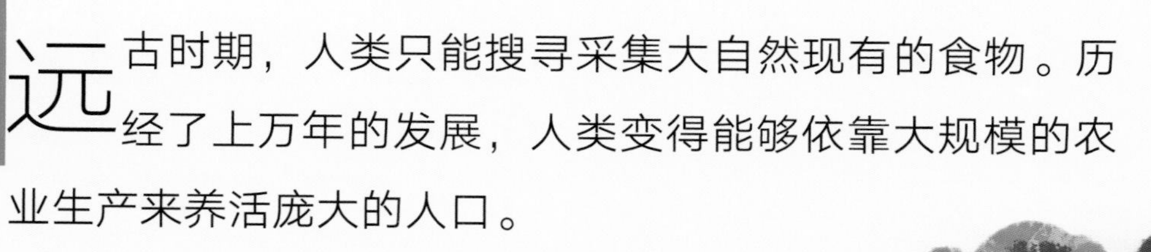

远古时期，人类只能搜寻采集大自然现有的食物。历经了上万年的发展，人类变得能够依靠大规模的农业生产来养活庞大的人口。

大规模粮食生产导致农田取代了许多自然环境，生态环境也因此发生剧变。这种状况需要得到改变，许多农场主正在寻求和自然系统协作的粮食生产方式。有些农场主在大片农田周围种植树木，使用更少的化肥，种植更多样化的作物。

生物技术是一门古老的科学，人们可以利用相关技术种植出更优质、更高产的植物。例如，农场主从植株最高大的作物上取种，然后在来年只播种这些种子。久而久之，作物会变得越来越高大，产量越来越高。

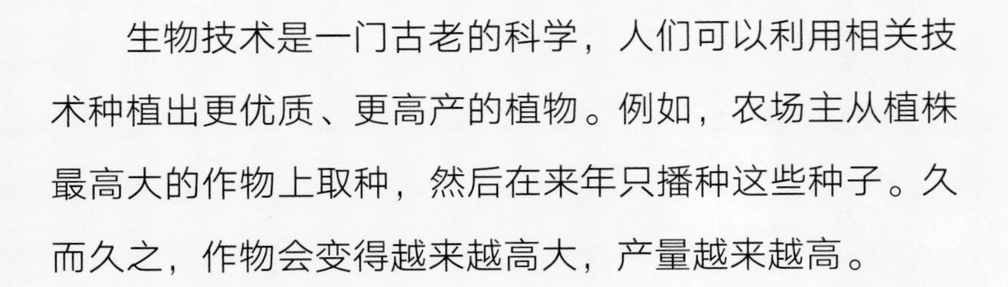

近年来，科学的发展已将生物技术推进到一个崭新的水平。科学家们可以研究植物的微观层面，甚至细胞结构。植物的性状可以从一种植物被转移到另一种植物。例如，有一种植物能产生维生素A，将它的这个性状转移到水稻里，于是，人们通过吃大米就能获得更多的维生素A。

改变植物的生长方式，有助于我们在将来养活更多的人口。但是，也有许多人不同意通过这种方式改变植物。

植物医生

你可能认为药品是现代发明，但其实人类治疗疾病和创伤的需求一直存在。古代的人们利用植物获得药物，这些知识代代相传。今天这些植物依然拯救着生命。

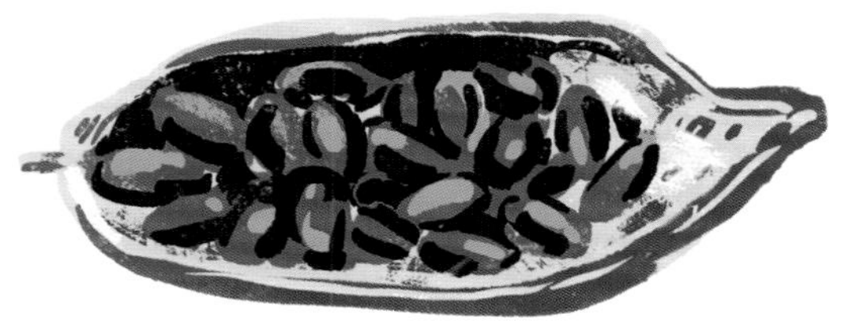

我们可以在茶叶、咖啡豆和可可豆中找到咖啡因。尽管现在含咖啡因的饮品很普遍，但在古代，这些植物都是用来补充能量的药物。

大约在3500年前，柳树皮就被用来止痛了。从柳树皮中可以得到水杨酸，水杨酸可以用于生产阿司匹林，一种现在很常见的药物。

这里有更多的例子。

马达加斯加的长春花，可以用于癌症的治疗。

阿米芹可以用于治疗心脏病。

绣线菊可以用于治疗头痛、关节痛和肌肉痛。

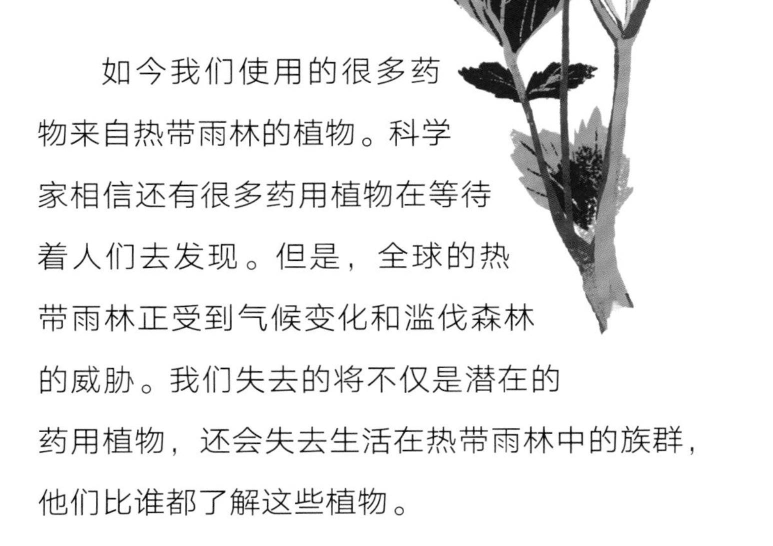

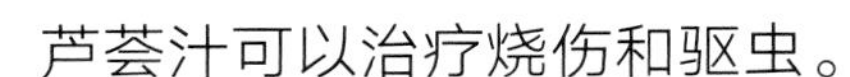

芦荟汁可以治疗烧伤和驱虫。

如今我们使用的很多药物来自热带雨林的植物。科学家相信还有很多药用植物在等待着人们去发现。但是，全球的热带雨林正受到气候变化和滥伐森林的威胁。我们失去的将不仅是潜在的药用植物，还会失去生活在热带雨林中的族群，他们比谁都了解这些植物。

药用植物

从前，有一个人在丛林中迷路了，而且生病发烧。他喝了水塘里的水，发现水带着苦味。没过多久，这个人便感觉好多了。原来是有一种物质从周边的树木上渗入水塘，这种物质治好了他的病。这是发现奎宁的传奇故事之一。尽管过量使用奎宁是有害的，但它被用于治疗疟疾已经有约400年的历史。疟疾可是很危险的疾病。

与动物不同，植物遇到攻击不能逃走。有些植物靠长刺或坚韧的外皮保护自己；还有些植物自身含有毒性化学物质，人类和动物知道它们有毒就会避开。这些都使植物得以安全生长。

尽管如此，久而久之，人类还是学会了利用植物的毒性物质治疗疾病。

草木樨可以使牛生病，因此人们发现了这种植物含有的毒素。之后，它便被用于害虫防治，再后来人们还发现它有助于治疗人类的血液病。

毛地黄是一种常见植物，它的整棵植株都有毒。但是，毛地黄可以用于制药，用于改善血压和解决心律失常引起的健康问题。

植物制品

一旦你开始寻找植物，就会发现植物到处都是。环顾你家和学校周围，你会看见什么？木制家具？棉质窗帘？纸张？

纸张是用植物纤维做成的。植物纤维通常用木头制造，但也可用竹子、甘蔗秆、棉花作原料。

再环顾一下周围，你会发现许多塑料制品。塑料是石油工业的副产品，用途广泛，但如何处理废弃塑料成了难题。不同于植物材料，普通塑料不能降解，不会腐烂，对环境很不友好。

全世界堆积了大量的塑料垃圾。一次性塑料制品，例如饮料瓶，是最大的环境问题之一。人们乱扔垃圾的行为，导致在水道和野生动物栖息地随处可见塑料垃圾，危害环境。

植物材料可以作为替代材料，用来生产一些通常用塑料制成的产品。例如，外卖餐具可以用竹子制作，水杯和吸管可以用纸制作，包装袋和食品盒可以用植物纤维制作。

植物穿戴

你觉得用植物做的衣服怎么样呢？低头看看，你可能已经在穿了。

一些服装面料，例如棉、亚麻、黏胶纤维等都是用植物纤维制造的。还有些服装面料的原料来自植食动物，例如以桑叶为食的蚕，以青草为食的绵羊。

棉花的籽覆有绒毛般的纤维，使它们可以借助风力传播，有点儿像蒲公英。人们通常收集棉花的长纤维制成布料，短纤维则可用于制造许多其他产品，如炸药、指甲油、冰激凌和口香糖。

由于棉花如此有用，人们对棉花的需求也越来越多。这导致了过度使用化学农药、水资源匮乏和污染等一系列问题。目前，有些地区已经在尝试改良棉花产业。

人们正在寻找替代材料为棉花产业减压。麻类植物可用于制造很多与棉制品同样的产品，并且麻类植物的生长不需要太多的水和农药。亚麻也可以用来制作布料，它的种子还可用作食品原料。

人类与植物

人类利用植物的办法多种多样。除了将植物切碎、混合、碾磨，以及食用之外，直接亲近大自然中的植物也能让我们身心受益。在日本，森林沐浴（森林浴）非常流行。人们已经认识到，沐浴在森林中对身心十分有益。

在现代生活中，我们长时间待在人造建筑空间和人工环境里。其实，来到像森林这样的自然环境里，不仅可以减压和放松，还可以提升幸福感，改善睡眠质量和提高免疫力。

与大自然多接触，对我们每个人都很重要。一些医生把享受户外时光作为一种治疗手段。研究表明，能够从医院窗户看到外面的绿色植物，可以帮助病人更快地痊愈。

对于年轻人而言，户外学习已被纳入许多教育体系中。在许多城镇的规划中，绿色空间越来越受到重视。

进行园艺活动是我们接触大自然的最便捷的方式之一。无论你拥有的是大花园、小院、露台，或者只是一个窗台，你都可以种植一些有生命的东西。观察和帮助这些植物生长，会给你带来成就感。

威胁和保护

我们以无数种方式利用植物，它们为我们的健康、财富和幸福做出了贡献。尽管如此，植物还是受到人类活动的严重威胁。

全球变暖引起的气候变化，是植物面临的首要问题。另外还有传粉者数量减少、土地被过度开发和占用，以及环境污染等问题。

为满足当地居民的生活所需，土地经常会被开发、占用。制订植树造林的计划必须要与当地政府配合，确保这块土地在重建的同时也能为当地居民提供收入。

重新造林固然重要，但更重要的是要阻止砍伐森林、侵占土地。和新建的人工林场相比，成熟的林地能吸收更多的二氧化碳，并且已经是野生动物的栖息地。

恢复野生状态，意味着消除人为干预并让环境自然恢复，让本土的动植物种群重返家园，进而重建自然生态系统。保护植物的一个重要举措，就是分析哪些物种受到最严重的威胁。在《世界自然保护联盟濒危物种红色名录》中，植物按所面临的灭绝危机程度分级，种群不多、数量稀少、地理分布有局限性的植物被列为濒危植物。这些濒危植物受到保护，采集和售卖它们都是违法的。

保护植物，从我做起

植物有很多神奇的本领，但是它们需要我们的帮助和保护。更可持续、更有生态意识的生活方式将有助于保护世界各地的植物。

人们有很多种办法来帮助植物世代繁衍。保护野生陆地环境以及建立新的保护地，会给传粉者提供食物和家园。减少化石燃料的使用和保护森林将有助于减少空气污染。大家可以支持使用可持续资源的商家。

以下是一些你可以做的事：

再利用和回收

节约使用纸张，修补或捐出旧衣物，做好垃圾分类以减少垃圾填埋。

减少一次性使用

使用纸杯或纸吸管比使用塑料制品好，如果选择可重复使用的物品就更好了。自带购物袋，避免使用塑料袋。

享受户外时光

走出去呼吸新鲜空气，会让你精神焕发、睡眠改善、注意力更加集中，你的创造力也会提升。

进行园艺活动

种植花草果蔬，既帮助了传粉者，也帮助了你自己。

读完这本书，你就懂得了植物的重要性。

帮助植物拯救世界，你准备好了吗？

术语表

蚜虫：昆虫，身体小，卵圆形，绿色、黄色或棕色，腹部大。吸食植物的汁液，是农业害虫。

大气层：地球的外面包围的气体层。

不毛之地：指贫瘠、荒凉的土地或地带。

钙：金属元素，银白色，是生物体的重要组成元素。

癌症：生有恶性肿瘤的病。

树冠：乔木树干的上部连同所长的枝叶。

气候：一定地区里经过多年观察所得到的概括性的气象情况。

生态系统：生物群落中的各种生物之间，以及生物和周围环境之间相互作用构成的整个体系。

濒危植物：由于生存条件恶化而处于濒临灭绝危险境地的植物。

侵蚀：逐渐侵害使变坏。

进化：生物逐渐演变，由低级到高级、由简单到复杂、种类由少到多的发展过程。

灭绝：生物的物种或更高的分类群全部消亡，不留下任何后代的现象。

孢子：某些低等动物和植物产生的一种有繁殖作用或休眠作用的细胞，离开母体后就能形成新的个体。

核反应堆：使铀、钚等的原子核裂变的链式反应能够有控制地持续进行，从而获得核能的装置。

氮：气体元素，无色无臭，不能燃烧，也不能助燃。

营养：机体从外界环境摄取食物，经过消化吸收和代谢，用以供给能量，构成和修补身体组织，以及调节生理功能的整体过程。

光合作用：光化学反应的一类，如绿色植物的叶绿素在光的照射下把水和二氧化碳合成有机物质并放出氧气的过程。

色素：使机体具有各种不同颜色的物质。

螺旋桨：产生推力使飞机或船只航行的一种装置，由螺旋形的桨叶等构成。

核辐射：从原子核中释放出来的辐射。

气孔：植物体表皮细胞之间的小孔，是植物体水分蒸腾以及与外界交换气体的出入口。

湿地：靠近江河湖海而地表有浅层积水的地带，包括沼泽、滩涂、洼地等。

性状：生物体的形态解剖特征或生化、生理特性。是遗传和环境相互作用的结果。

适应：生物在生存竞争中适合环境条件而形成一定性状的现象。

索引

B

孢子　18, 44

濒危　41, 44

C

传粉者　17, 20~22, 40, 42~43

D

动物　2, 6~11, 17, 22~23, 25~26, 32, 35~36, 41, 44

E

二氧化碳　4~5, 26, 41, 45

F

防御　2, 13

服装面料　36

G

光合作用　4, 6, 45

过滤　9, 19

H

海藻　27

化石燃料　5, 15, 42

K

可持续　42

空气　2, 8, 12, 15, 42~43

L

垃圾分类　42

N

农场　21, 28~29

Q

栖息地　2, 11, 17, 26, 35, 41

气候变化　3, 17, 26, 31, 40

切尔诺贝利核电站　16

全球变暖　3, 5, 40

R

热带雨林　31

S

森林　9, 11~12, 26, 31, 38, 41~42

森林浴　38

生态系统　3, 7, 10, 13, 22, 26, 41, 44

生物技术　29

食虫植物　14~15

食物链　6~7

食物网　6~7

《世界自然保护联盟濒危物种红色名录》　41

树木　8~10, 19, 26, 28, 32

塑料　2, 34~35, 42

T

提供食物　2, 13, 20, 22, 42

土壤　6~7, 9~10, 12, 14~15, 17

W

污染　3, 8, 14~15, 19, 27, 37, 40, 42

X

先锋植物　17~18

循环　7

Y

氧气　4~5, 26, 45

药物　2, 30~31

野生　35, 41~42

叶绿素　4, 45

Z

杂草　4, 16~17, 21

真菌　12

植物界　8

制作原料　2

种子　11, 16~18, 20~22, 24~25, 27, 29, 37

种子库　25

自然灾害　2~3